湖南省省级节水载体建设实践

——2019年度案例汇编

盛东　何怀光　徐幸仪　主编

中国水利水电出版社
www.waterpub.com.cn
·北京·

内 容 提 要

本书在分析湖南省节水载体工作背景、相关政策法规及节水载体建设现状的基础上，介绍和分析了2019年度湖南省省级节水载体建设情况，按节水型公共机构、节水型企业、节水型居民小区、节水型灌区（农业示范区）四大类型分别进行案例展示，体现了节水载体创新做法和亮点。

本书图文并茂、文字简练，可为湖南省和南方丰水地区提供节水建设实践经验，为省级节水载体创建提供示范，也可以作为全民节水科普阅读材料，为政府部门宣传节水、营造节水氛围提供支持，还可为提供节水技术服务的企业参考。

图书在版编目（CIP）数据

湖南省省级节水载体建设实践 ：2019年度案例汇编 / 盛东，何怀光，徐幸仪主编. -- 北京 ：中国水利水电出版社，2020.8
ISBN 978-7-5170-8817-2

Ⅰ. ①湖… Ⅱ. ①盛… ②何… ③徐… Ⅲ. ①节约用水－案例－湖南 Ⅳ. ①TU991.64

中国版本图书馆CIP数据核字(2020)第172556号

书　　名	湖南省省级节水载体建设实践——2019 年度案例汇编 HUNAN SHENG SHENGJI JIESHUI ZAITI JIANSHE SHIJIAN——2019 NIANDU ANLI HUIBIAN
作　　者	盛东　何怀光　徐幸仪　主编
出版发行	中国水利水电出版社 (北京市海淀区玉渊潭南路 1 号 D 座　100038) 网址：www.waterpub.com.cn E-mail：sales@waterpub.com.cn 电话：（010）68367658（营销中心）
经　　售	北京科水图书销售中心（零售） 电话：（010）88383994、63202643、68545874 全国各地新华书店和相关出版物销售网点
排　　版	中国水利水电出版社装帧出版部
印　　刷	清淞永业（天津）印刷有限公司
规　　格	184mm×260mm　16 开本　2.5 印张　39 千字
版　　次	2020 年 8 月第 1 版　2020 年 8 月第 1 次印刷
定　　价	45.00 元

编委会名单

主编单位：湖南省水利水电科学研究院

湖南省节约用水办公室

湖南省水资源中心

编写委员会：伍佑伦　尹黎明　何大华　吕石生　潘永红

盛　东　何怀光　胡　可　徐幸仪　赵恒亮

闫　冬　罗　骁　刘元沛

审　定：伍佑伦

主　编：盛　东　何怀光　徐幸仪

编写人员：何怀光　徐幸仪　石　锦　胡春艳　山红翠

袁艳梅　杨思宇　肖　熠　彭育桐　刘元沛

周　双　潘雨齐　陈云鹏　成　明　罗金明

贺瑜琳

前　言

实施国家节水行动，落实“节水优先、空间均衡、系统治理、两手发力”的治水思路，开展节水型社会建设是国家长期坚持的一项战略任务，是解决我国水资源问题的根本途径。为深入贯彻节水优先方针，牢固树立“创新、协调、绿色、开放、共享”发展理念，应当大力推进以节水减排为重点的节水型社会建设，节水载体建设是节水型社会建设的重要内容。

2019 年 4 月 15 日，经中央全面深化改革委员会审议通过，国家发展和改革委员会、水利部联合印发《国家节水行动方案》，明确要建成一批具有典型示范意义的节水载体。为贯彻落实国家有关要求，在湖南省节约用水工作领域立标杆、树典型，2019 年 6 月湖南省节约用水办公室印发《关于推介示范型节水载体的通知》，通知要求在全省范围内开展节水载体推介工作。

为了宣传湖南省省级节水载体，推广南方丰水地区节水经验，湖南省水利水电科学研究院、湖南省节约用水办公室和湖南省水资源中心联合编著了本书。

作者

2020 年 4 月

目录

第 1 章　湖南省省级节水载体建设基本情况

1.1 节水载体工作背景

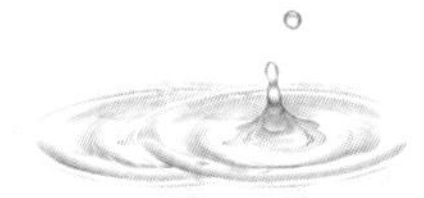

2014年，习近平总书记提出的“节水优先、空间均衡、系统治理、两手发力”十六字新时期治水思路，把节水优先放在首位，是针对我国国情水情，总结世界各国发展教训，着眼中华民族永续发展作出的关键选择，也是新时期治水工作必须始终遵循的根本方针。水利部部长鄂竟平在新时代水利改革发展的总基调中也指出，把节约用水作为水资源开发利用的前提，实施国家节水行动，全面提升水资源利用效率和效益。

水资源短缺是今后几十年甚至更长时间内中国经济社会持续发展面临的重大挑战。促进全社会节水是一条从根本上应对这一挑战的新途径。推动全社会节水工作要具体落到实处，则离不开节水载体的建设，节水载体是节水型社会的具体体现，建设节水载体是推动全社会节水的核心与关键环节。

自“七五”明确提出把节水定为长期坚持的基本国策以来，节水载体建设工作便拉开了序幕。近年来，随着节水型企业、公共机构节水型单位建设情况纳入最严格水资源管理制度考核以及全国节水型社会试点建设、县域节水型社会达标建设、节水型企业、公共机构节水型单位、节水型居民小区、水效领跑者行动等一系列创建活动的开展，全国节水载体创建工作迈入新的阶段。据统计，截至2018年，全国31个省（自治区、直辖市）共建成各级各类节水载体74816个，其中节水型企业13912个，节水型公共机构49233个（其中，节水型机关30776个，节水型学校11265个，其他节水公共机构7192个），节水型居民小区11681个。

近年来，湖南省积极推动省级公共机构节水型单位创建、水利系统节水型机关

创建以及县域节水型社会达标建设，有力推动了各地节水载体建设，带动了各领域各行业节约用水。为进一步推动湖南省节水载体建设，充分发挥节水载体在全社会范围内的示范带动作用，2019 年 6 月湖南省节约用水办公室印发《关于推介示范型节水载体的通知》，通知要求在全省范围内开展示范型节水载体推介工作。经过各市州水利局推介、专家审核以及认定等程序，认定湖南省首批省级节水载体 30 家，其中节水型公共机构 11 个，节水型企业 14 个，节水小区 3 个，节水农业 2 个。

节水载体建设是节水型社会建设的重要支撑。通过在全社会范围内广泛建设节水载体，让“星星之火”形成“燎原之势”，培育全社会形成良好的节约用水习惯以及节约用水风尚，为社会经济可持续发展提供有力的水资源保障。

◆ 参考文献

[1] 徐幸仪，胡春艳．湖南省公共机构节水型单位建设现状及工作思考 [J]. 湖南水利水电，2019，219 (1):77-79.

[2] 王亦宁，陈博．推动新时代节水载体建设的思考和建议 [J]. 水利发展研究，2020，20 (3) : 6-10.

1.2　节水载体相关政策法规

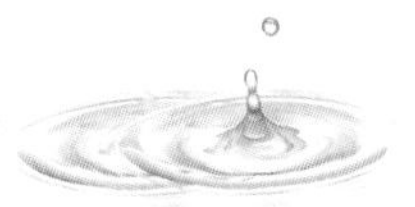

为推动节水载体建设工作，水利部等相关部门提出了诸多政策要求。

（1）《工业和信息化部 水利部 全国节约用水办公室 关于深入推进节水型企业建设工作的通知》（工信部联节〔2012〕431 号）提出，为进一步推动工业节水工作，提升工业节水能力和水平，以企业为主体，以提高用水效率为核心，在重点用水行业推进节水型企业建设工作：发布一批节水标杆企业和标杆指标，引导企业加强节水管理和技术进步，加快转变工业用水方式；在节水基础较好、管理规范的工业聚集区探索开展节水型工业园区建设；建设一批节水型企业，带动行业用水效率的提高，为建设资源节约型、环境友好型社会奠定基础。并提出节水型企业建设目标：2013 年底前，在钢铁、纺织染整、造纸、石油炼制等重点用水行业开展节水型企业创建活动，树立一批行业内有代表性、产品结构合理、用水管理基础较好、用水指标达到行业领先水平的节水标杆企业典范，发布行业节水标杆指标；2014年底前，将节水型企业创建的范围逐步扩大到食品发酵、化工、有色金属等其他重点用水行业；2015年底前，钢铁、纺织染整、造纸、石油炼制等重点用水行业企业全部达到节水型企业标准，并在工业领域形成节水型企业建设长效机制。

（2）《水利部 国家机关事务管理局 全国节约用水办公室 关于开展公共机构节水型单位建设工作的通知》（水资源〔2013〕389号）要求建成一批“制度完备、宣传到位、设施完善、用水高效”的节水型单位：到2015年，50%以上的省级机关建成节水型单位，并逐步将各类公共机构纳入节水型单位建设范围；到2020年，全部省级机关建成节水型单位，50%以上的省级事业单位建成节水型单位；各地区要根据实际情况，有计划地组织有条件的市县级公共机构创建节水型单位。

（3）《关于推进合同节水管理促进节水服务产业发展的意见》（发改环资〔2016〕1629号）建议为了切实发挥政府机关、学校、医院等公共机构在节水领域的表率作用，采用合同节水管理模式，对省级以上政府机关、省属事业单位、学校、医院等公共机构进行节水改造，加快建设节水型单位；严重缺水的京津冀地区，市县级以上政府机关要加快推进节水改造。

（4）《全国节约用水办公室 关于开展节水型居民小区建设工作的通知》（全节办〔2017〕1号）对节水型居民小区建设工作提出了以下建设思路：以居民小区为载体，以提高居民节水意识、倡导科学用水和节约用水的文明生活为核心，通过健全标准，对标达标，加大宣传，发挥居民委员会、物业公司的引导作用，调动居民家庭节水积极性，营造全民节水的良好氛围，使节约用水成为小区居民的自觉行动。通知明确了节水型小区建设范围由物业公司统一管理的、实行集中供水的城镇居民小区，并要求到2020年，直辖市、省会城市和计划单列市节水型居民小区建成率达到20%以上，其他地级城市节水型居民小区建成率达到10%以上。

（5）《水利部 关于开展水利行业节水机关建设工作的通知》（水节约〔2019〕92号）提出将水利行业机关建成“节水意识强、节水制度完备、节水器具普及、节水标准先进、监控管理严格”的标杆单位，探索可向社会复制推广的节水机关建设模式，示范带动全社会节约用水。水利行业节水机关建社工作目标是：2019年底前，

水利部机关、各直属单位机关，各省（自治区、直辖市）水利（水务）厅（局）机关建成节水机关。2020 年底前，各省、地（市）、县级水利（水务）局机关建成节水机关。

（6）《国家发展改革委 水利部 关于印发〈国家节水行动方案〉的通知》（发改环资规［2019］695 号）在节水载体建设方面提出了以下要求：到 2022 年，创建 150 个节水型灌区和 100 个节水农业示范区；到 2022 年，在火力发电、钢铁、纺织、造纸、石化和化工、食品和发酵等高耗水行业建成一批节水型企业；到 2022 年，中央国家机关及其所属在京公共机构、省直机关及 50% 以上的省属事业单位建成节水型单位，建成一批具有典型示范意义的节水型高校。

（7）《水利部 教育部 国家机关事务管理局 关于深入推进高校节约用水工作的通知》（水节约［2019］234 号）在高校节水工作中提出，建设一批具有典型示范意义的节水型高校，宣传推广高校节水工作的成功经验和举措，示范引领全社会节水。

（8）《水利部 关于印发 2020 年水利系统节约用水工作要点和重点任务清单的通知》（水节约［2020］44 号）明确，水利系统在统筹推进各项节约用水工作的过程中要指导推动节水型企业、高校、单位、居民小区、灌区等载体建设，并全面开展水利行业节水机关建设，各省级水行政主管部门应该加强本辖区内水利行业节水机关建设，推动地（市）、县级水利机关（有独立物业的）2020 年底前建成水利行业节水机关。

湖南省按照国家的相关政策法规要求，结合湖南省实际情况，在节水载体建设方面也出台了相应的政策文件。

（1）以颁布《关于开展全省公共机构节水型单位建设工作的通知》（湘水资源［2014］29 号）为标志，湖南省开始启动公共机构节水型单位创建工作，通知明确到 2015 年省级机关建成节水型单位的比例达到 50%，到 2020 年，省级机关建成节水型单位的比例达到 100%，省级事业单位建成节水型单位的比例达到 50%。

（2）《关于转发全国节约用水办公室〈关于开展节水型居民小区建设工作的通知〉的通知》（湘水资源［2017］3 号）明确湖南省各市州应按照全国节约用水

办公室印发的《关于开展节水型居民小区建设工作的通知》要求，积极推进节水型小区建设。

（3）《湖南省全民节水行动计划实施方案》（湘发改环资〔2017〕515 号）在工业节水增效行动中提出，以主要高耗水行业为重点，组织开展节水型企业创建，在财政安排专项资金时，优先支持节水型企业。在公共机构节水行动中提出，以政府机关、学校、医院全部省直机关和 50% 以上的省属事业单位建设成节水型单位，30% 的市直机关和 15% 的市直属事业单位建设成节水型单位。

（4）《国家节水行动湖南省实施方案》（湘发改环资〔2019〕893 号）在农业节水工作方面提出，到 2022 年，创建 1 个节水型灌区和 1 个节水农业示范区。

1.3 节水载体建设现状

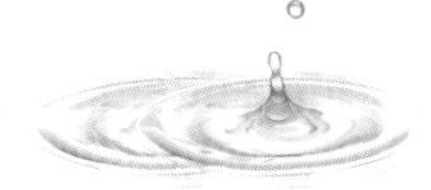

1.3.1 节水载体建设工作部署

2019 年湖南全面开展节水载体建设工作，动员各市州水利部门，推动节水载体申报、创建，发展一批、创建一批、落实一批、打造一批，2019 年全省各市州全面开展节水载体创建工作，经认真审核、检查，认定一批具有典型、示范作用的节水载体，为湖南节水型社会建设奠定了坚实基础。

1.3.2 湖南省节水载体建设主要进展

湖南省 14 个市州均开展了工业企业、公共机构、小区、灌区等节水载体建设，2019 年共有 65 家单位（企业）经各市州水利局推介申报创建省级节水载体。在推介的 65 家单位（企业）中，分别有 23 家公共机构单位，33 家企业，3 个居民小区，2 个灌区和 4 个农业示范区。在 23 家公共机构单位中有 10 家行政机关，10 家学校，2 家医院和 1 家银行。33 家企业涵盖了金属冶炼、生物科技、发电、水泥、造纸、纺织、日化、食品、卷烟、制鞋、制药、酒店等行业。

湖南省 14 个市州除益阳市和怀化市没有推介省级示范型节水载体外，其余市州至少一家单位（企业）推介省级示范型节水载体。其中永州市数量最多，共有 20

表 1.3-1　各区域节水载体推介情况表

节水载体建设类型区域	永州	湘潭	娄底	株洲	长沙	邵阳	岳阳	衡阳	郴州	常德	张家界	湘西州
企业	12	5	5	2	3	2	2		1	1	1	
公共机构	6	5	4	2		1	1	2				1
居民小区				3								
农业示范区	2				2							
灌区				1		1						
合计	20	10	9	8	5	4	3	2	1	1	1	1

家单位（企业），其中公共机构 6 家，企业 12 家，农业示范区 2 个；湘潭市推介 10 家单位（企业），其中公共机构 5 家，企业 5 家；娄底市推介 9 家单位（企业），其中公共机构 4 家，企业 5 家；株洲市推介 8 家单位（企业），其中公共机构 2 家，企业 2 家，居民小区 3 个，灌区 1 个；长沙市推介 5 家单位（企业），其中企业 3 家，农业示范区 2 个；邵阳市推介 4 家单位（企业），其中公共机构 1 家，企业 2 家，灌区 1 个；岳阳市推介 3 家单位（企业），其中公共机构 1 家，企业 2 家；衡阳市推介 2 家公共机构单位；郴州市、常德市、张家界市及湘西土家族苗族自治州（简称“湘西州”）均推介 1 家单位（企业）。全省节水载体创建工作稳步有序推进。

在上述推介的 65 家单位（企业）中，经省节水办组织相关技术单位和专家进行复核，通过复核并授予省级示范性节水载体称号的有 30 家单位（企业），具体名单见表 1.3-2。

表 1.3-2　第一批湖南省省级节水载体汇总名单

序号	名称
	公共机构（11 家）
1	株洲市水利局
2	株洲市生态环境局
3	湘潭县第一中学
4	湖南省湘潭水文水资源勘测局
5	衡阳市五一路小学

续表

序号	名称
6	岳阳职业技术学院
7	娄底市水利局
8	娄星区水利局
9	娄底市人力资源和社会保障局
10	娄底一中
11	中国人民银行湘西州中心支行
节水企业（14 家）	
1	湖南普菲克生物科技有限公司
2	株洲金韦硬质合金有限公司
3	湖南洁宇日化新技术股份有限公司
4	湖南华菱湘潭钢铁有限公司
5	湖南珠江啤酒有限公司
6	绥宁县宝庆联纸有限公司
7	岳阳林纸股份有限公司
8	华能湖南岳阳发电有限公司
9	张家界九瑞生物科技有限公司
10	常德喜来登酒店
11	涟源（华润电力）有限公司
12	湖南伍星生物科技有限公司
13	湖南忠食农业生物科技有限公司
14	金贵银业股份有限公司
居民小区（3 家）	
1	云龙示范区学府港湾
2	天元区中泰财富湘江
3	天元区美的城
节水农业（2 家）	
1	长沙湘丰茶业集团有限公司
2	酒埠江灌区管理局

在节水型企业建设方面，纺织染整、造纸、石油炼制、食品发酵、化工、金属冶炼等重点用水行业是节水载体建设的重点，全省重点用水行业节水型企业建成数量为 15 个。

在节水型公共机构建设方面，在各市州机关、事业单位以及学校开展节水型公共构建设，全省公共机构建成数量为 11 个。

在节水型居民小区建设方面，全省仅株洲建成 3 个节水型居民小区。

第 2 章　2019 年度省级节水载体案例

为有效推广、宣传省级节水载体，依据节水载体自身情况，在节水工作中创新做法并总结提出亮点措施，现将本次省级节水载体按节水型公共机构、节水型企业、节水型居民小区、节水型灌区（农业示范区）4 大类型分别进行案例展示，具体情况如下。

2.1 公共机构

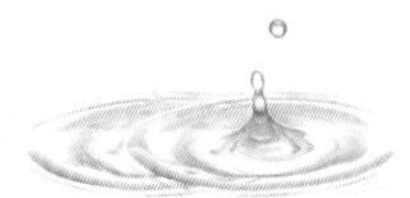

1. 株洲市水利局（株洲市天元区嵩山路 268 号）

（1）高度重视节水工作，构建科学组织体系。成立了由党委书记、局长任组长的节水工作领导小组，领导小组下设办公室，形成了级级负责、层层落实的体系。

（2）健全节水制度，构建长效机制体系。制订和颁发了《株洲市水利局水电目标管理实施方案》《株洲市水利局水电配额目标管理细则》《株洲市水利局水电配额目标管理责任状》，做到“目标、任务、标准、时限”四明确。

（3）细化节水举措，构建严密管理体系。加大节水设施改造力度，积极推广应用先进实用的节水新技术、新产品，定期检查更换水龙头、管道阀门、冲水阀等给排水器具，加强食堂等重点用水部位监控，对物业清洁用水、餐厅洗涮用水等重点环节制定具体的节水操作工序，在下班时间重点检查用水设施、设备和器具工作状态，防止跑、冒、滴、漏，杜绝“长流水”现象。

（4）提高节水意识，构建多层次宣传体系。以“厉行节约、杜绝浪费”为主题，以“世界水日、中国水周”以及“河长制”为契机，开展多种形式的节水活动，形成“人人爱水、护水、惜水、节水”的氛围。

2. 株洲市生态环境局（株洲市天元区渌江路 137 号）

（1）积极推进节水改造。将办公楼内所有水阀门全部改造成感应式水龙头。

（2）积极推进非常规水源利用。将雨水进行收集并用于办公大院内的花草、树木的浇灌。

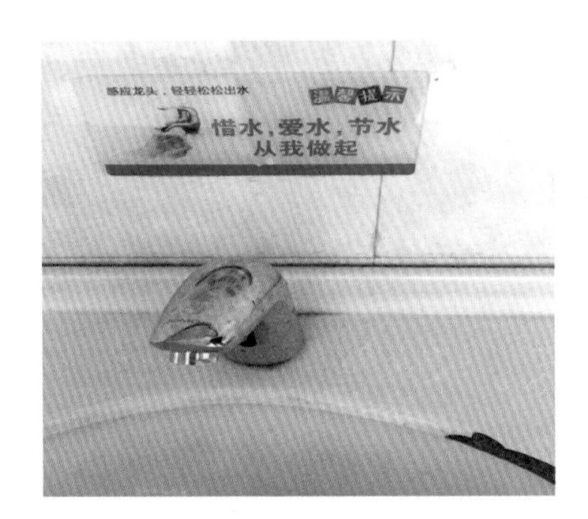

卫生间内感应式水龙头

办公大院内绿化灌溉采用喷灌方式

3. 湘潭县第一中学（湘潭市湘潭县凤凰东路 302 号）

节水宣传效果明显，展开了以节水为主题的黑板报评比，向全校师生发放了节水倡议书等活动。

1801 班节水主题黑板报

1802 班节水主题黑板报

4. 湖南省湘潭水文水资源勘测局（湘潭市岳塘区吉安路128号）

对食堂用水设施、老旧管网和耗水设施等实施了节水改造和节水设施建设；所用节水设备和器具全部为列入《节能产品政府采购清单》的节水产品；绿化采用高效浇灌方式；建设雨水积蓄设施，利用水桶收集天然降水，收集淘米水、生活废水用于绿化灌溉、景观用水。

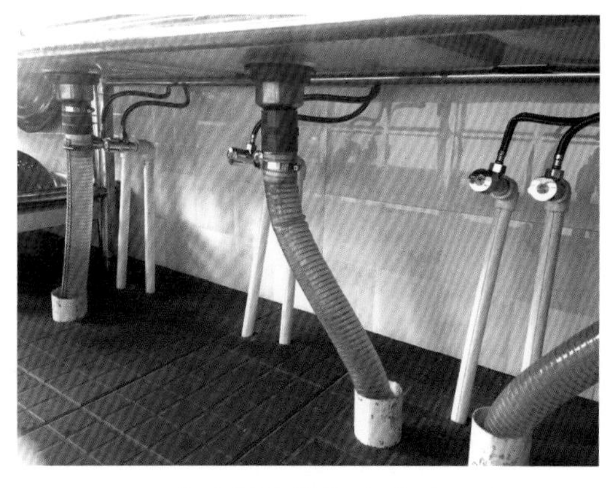

食堂用水设施改造后

收集淘米水用于绿化灌溉

5. 衡阳市五一路小学（衡阳市石鼓区望城路西50m）

（1）将学校洗脸盆、厕所大便沟槽冲水器全部更新为红外线节水感应器具。

（2）加强校园老旧管网检查工作，对跑、冒、滴、漏水管全面持续更新改造。

（3）对校园园林浇水系统安装喷灌龙头，定时定量浇灌。

洗脸盆节水改造

老旧管网检查改造

绿化喷灌设施安装

6. 岳阳职业技术学院［岳阳市学院路（郭镇）］

（1）健全组织机构，完善了三级管理网络组织体系；健全制度机制，并对浪费用水行为进行界定，强化水资源管理。

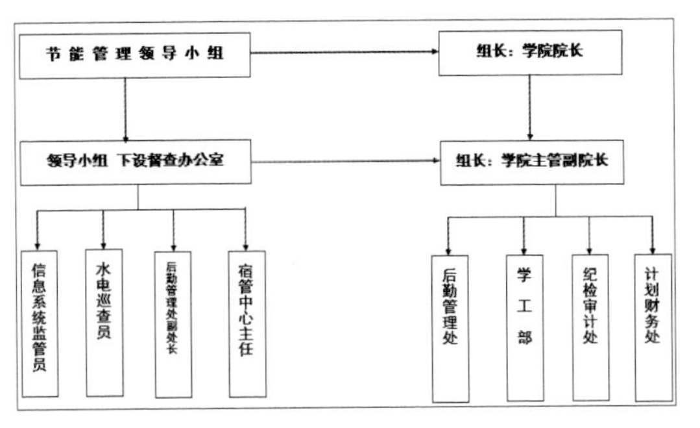

岳阳职业技术学院三级管理网络组织体系

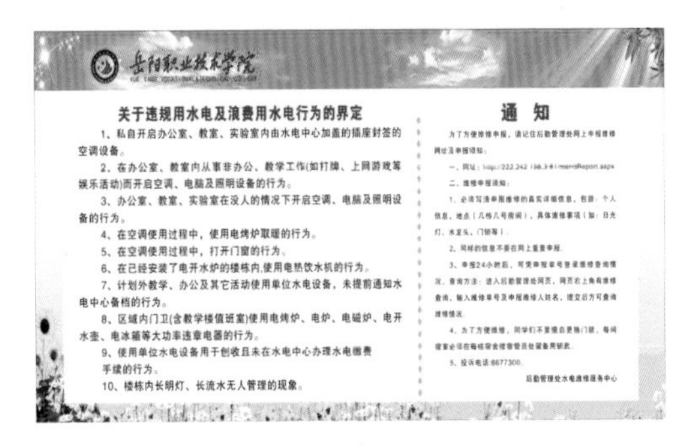

岳阳职业技术学院

关于违规用水电及浪费用水电行为的界定

1、私自开启办公室、教室、实验室内由水电中心加盖的插座封签的空调设备。

2、在办公室、教室内从事非办公、教学工作(如打牌、上网游戏等娱乐活动)而开启空调、电脑及照明设备的行为。

3、办公室、教室、实验室在没人的情况下开启空调、电脑及照明设备的行为。

4、在空调使用过程中，使用电烤炉取暖的行为。

5、在空调使用过程中，打开门窗的行为。

6、在已经安装了电开水炉的楼栋内,使用电热饮水机的行为。

7、计划外教学、办公及其它活动使用单位水电设备，未提前通知水电中心备档的行为。

8、区域内门卫(含教学楼值班室)使用电烤炉、电炉、电磁炉、电开水壶、电冰箱等大功率违章电器的行为。

9、使用单位水电设备用于创收且未在水电中心办理水电缴费手续的行为。

10、楼栋内长明灯、长流水无人管理的现象。

通　知

为了方便维修申报，请记住后勤管理处网上申报维修网址及申报须知：

一、网址：[illegible]

二、维修申报须知：

1、必须写清申报维修的真实详细信息，包括：个人信息、地点（几栋几号房间），具体维修事项（如：日光灯、水龙头、门锁等）。

2、同样的信息不要在网上重复申报。

3、申报24小时后，可凭申报单号登录维修查询情况。查询方法：进入后勤管理处网页，网页右上角有维修查询，输入维修单号及申报维修人姓名，提交后方可查询维修情况。

4、为了方便维修，同学们不要擅自更换门锁，每间寝室必须在每栋宿舍楼宿管员处留备用钥匙。

5、投诉电话:8677300。

后勤管理处水电维修服务中心

界定浪费用水行为的通知

（2）通过校园报刊、广播、影视、网络等媒体，利用标语、横幅、宣传画等开展形式多样的节能宣传活动，使节水工作深入人心，形成建设节约型校园的舆论氛围。

节水宣传标识

节水宣传海报

（3）在宿舍公示电耗水耗数据，展开节电节水竞赛等方式，增强学生节约水电意识，量化节约成果。建立宿舍水电控制系统，进行水电的智能控制。

（4）实施“地下管网定期测漏检测”工程。2014—2016 年的 3 年时间里，

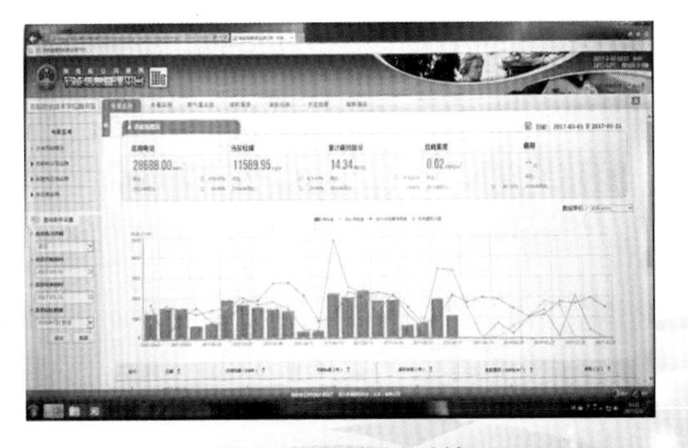

宿舍水电控制系统

地下管网测漏检测现场

学院累计节约用水 11.8 万 t，节约水费 32.45 万元；2017—2018 年，学院累计节约用水 6.2 万 t，节约水费 20.4 万元。

（5）学院加快节水器具改造及用水计量器具安装工作。

卫生间内感应式水龙头

卫生间内感应式小便器

宿舍内远传智能水表

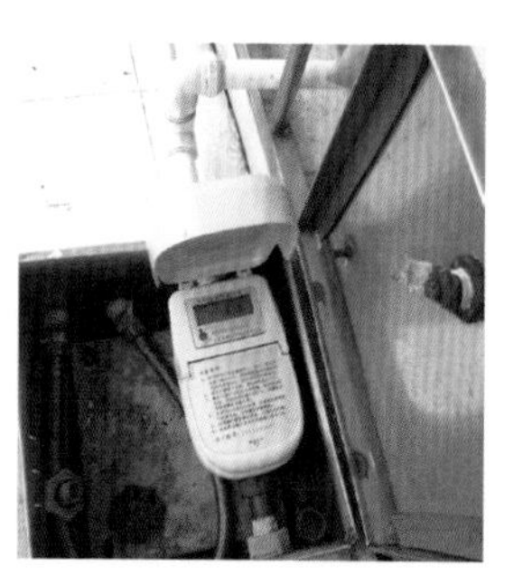

远传智能水表

（6）院区内现有大型水塘 3 个，在保证校区河塘水位平衡和河道水质情况下，这些水源也为校区绿化、道路冲洗、景观用水等提供部分水源，实现校区景观用水和绿化用水不全部使用市政自来水水源，较好地遵循了校区用水按高质高用、低质低用的原则，降低用水成本，减少传统水源的消耗量。

院区内水塘（非常规水源）

7. 娄底市水利局（娄底市娄星区乐坪大道东 607 号）

（1）建设雨水集蓄设施并有效利用，建设空调冷凝水等水处理再利用装置并用于景观、绿化等。

（2）编制节水材料，坚持开展节水宣传活动，发挥移动互联网、微信等新媒体作用，向大众普及节水知识、宣传经验做法。

8. 娄星区水利局（娄底市娄星区甘桂南路与双科街交叉口 618 号）

（1）成立由局长任组长的节约用水领导小组，领导小组下设办公室，具体负责各项节水工作。

（2）加强制度建设，制定了关于节水管理、计量管理以及水电工职责等 8 项节水规章制度。

（3）开展节水改造，全局更换节水器具 113 套，实现节水器具使用率 100%。

卫生间节水改造后

9. 娄底市人力资源和社会保障局（娄底市乐坪大道东 684 号）

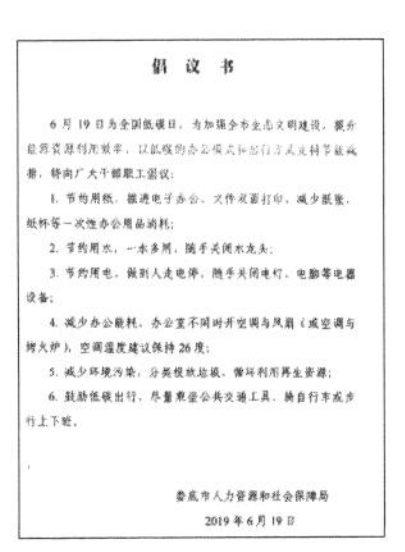

倡 议 书

6 月 19 日为全国低碳日，为加强全市生态文明建设，提升能源资源利用效率，以低碳的办公模式和出行方式支持节能减排，特向广大干部职工倡议：

1. 节约用纸，推进电子办公、文件双面打印，减少纸张、纸杯等一次性办公用品消耗；

2. 节约用水，一水多用，随手关闭水龙头；

3. 节约用电，做到人走电停，随手关闭电灯、电脑等电器设备；

4. 减少办公能耗，办公室不同时开空调与风扇（或空调与烤火炉），空调温度建议保持 26 度；

5. 减少环境污染，分类投放垃圾，循环利用再生资源；

6. 鼓励低碳出行，尽量乘坐公共交通工具，骑自行车或步行上下班。

娄底市人力资源和社会保障局

2019 年 6 月 19 日

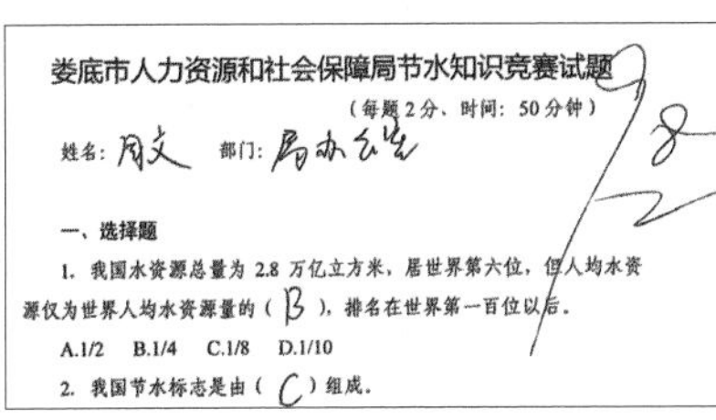

娄底市人力资源和社会保障局节水知识竞赛试题

（每题 2 分、时间：50 分钟）

姓名：周文　部门：局办公室

一、选择题

1. 我国水资源总量为 2.8 万亿立方米，居世界第六位，但人均水资源仅为世界人均水资源量的（ B ），排名在世界第一百位以后。

A.1/2　B.1/4　C.1/8　D.1/10

2. 我国节水标志是由（ C ）组成。

节水宣传资料

健全节水相关制度，对老旧水管网及节水器具进行改造，运用多种形式（节水讲座、节约用水倡议书、节水知识竞赛等）开展节水宣传。

10. 娄底一中（娄底市娄星区贤童街 336 号）

（1）节水常规设备改造。教学楼卫生间全部使用红外感应式节水水箱冲洗；食堂同样改装成感应式节水龙头；校内所有绿化用水全部使用自动喷洒龙头；投资建设绿化水池，引入饮用水过滤剩余废水用来浇灌绿色植物。

（2）积极开展再生水利用。食堂使用自动洗碗机，相比较于人工手洗，每小时节约用水 2m^3；建设生活污水再利用系统，将校内纯净水制水间过滤的废水进行再

改造前

改造后

绿化高效灌溉设备改造

次利用，作为教学楼卫生间用水和绿化用水，平均每天节水 30m^3。

（3）节水教育进课堂。专门编写节水教材，供全校学生阅读；将节水教育安排进课表，每周的班团活动中都定期开展节水教育；邀请水利部门的专家进校园、进课堂，传授专业知识，指导节水活动。

高效节水型自动洗碗机

节水宣传海报

（4）建设雨水收集系统。建设屋顶雨水收集系统，用于校内清洁用水和绿化用水。

（5）建设青少年节水教育示范基地。

11. 中国人民银行湘西州中心支行（吉首市光明西路 15 号）

（1）健全各种节水管理制度，如《节约用水管理制度》《用水统计制度》《生活用水管理规定》《用水计量管理规定》《供水管道及附件定期维保规定》等。

（2）强化节约用水管理，支行在全行各院区、各楼栋安装了二级计量水表，实行定额管理，每月定期公示，对用水超标的楼栋进行分析诊断，提出整改办法。

（3）充分利用非常规水源，对原有的地下水源进行改造，重新购置深井泵和控制设备，将地面水池注满地下水，以备冲洗道路、浇灌花木；地面水池也可集蓄雨水，形成了一个非常规水源利用系统，可以满足大部分绿化浇灌用水；同时提倡淘米水用来浇花、洗菜用水用来冲洗厕所等“一水多用”理念。

（4）加强节水宣传教育，开展节水护水志愿者行动。

节水志愿者活动

2.2 节水企业

1. 湖南普菲克生物科技有限公司（长沙市开福区沙坪街道金霞开发区中青路 1038 号）

生产设备上，公司引进中国科学院过程工程研究所“中国专利金奖”—气相双动态固态发酵技术，此技术与传统液态发酵技术相比，生产 1t 目标产物，采用现代固态发酵反应器能够节水 8t。

2. 株洲金韦硬质合金有限公司（株洲市芦淞区航空路 13 号株百物流园内 2 号仓正东方向 137m）

（1）2013 年新建厂房开始，投入资金近 300 万建设循环水池和购买中型循环水利用系统 1 个，循环水的加大利用使公司工业用水重复利用率达到 95% 以上，有效减少了公司的生产用水量。

（2）积极开展节水创建工作，加大企业技改力度，共设置污水分流沉淀池 4 个，改造工艺流程，把锅炉用水、车间用水等用过的水，统一在沉淀池沉淀后经过麻石处理器冷却、降压、除硫、除尘循环利用。经处理后的废水清澈见底，可以循环利用，不仅减少了废水的排放，也保护了湘江水资源，具有很大的社会效益。

（3）2017 年、2018 年共投入 800 多万元引进高端压力烧结炉两台和国内技术领先喷雾干燥塔两台，进行技术改造、工艺优化、节能改造，设备生产产能增大和取水量下降，达到提高功率、降低能耗的作用。

3. 湖南洁宇日化新技术股份有限公司（株洲渌口经济开发区南洲新区渌湘大道）

（1）节水技术。

1）产品生产工艺由原来的湿法过碳 + 混配流程改为一次干法合成，生产过程中由以前的每吨产品消耗 3t 水改为生产过程不再使用工艺用水。生产过程也就没有废水排放。该项技术为国内首创，也获得了国家发明专利。工业用水量仅研发实验室用水、锅炉补水、循环水补充水、打扫卫生用水，主要用水量为员工生活用水。不仅如此，公司生产的浓缩型洗衣产品使用后废水 COD 排放量同传统普通型洗涤剂相比减少 50%。因此，大力推广将可从源头减少 COD 的排放，保护湘江水资源，减少有害化学品进入水体。若普通洗衣粉全部被代替，每年可从源头减少化学品排放 230 万 t，COD 排放 90 万 t，污泥 400 万 t（含水率 80%）。

2）依靠科技进步提高循环水利用率、对锅炉蒸汽冷凝水系统进行改造，100% 循环利用。利用蒸汽冷水每小时可节水 3.5t。

3）公司建设时，就设计、施工好了雨水、污水分流、回收系统。雨水全部收集，用于消防用水，绿化用水。生活污水以及经中和池预处理的实验室废水，打扫卫生、

清洗地面的污水等全部回收处理，经 MBR 一体化装置处理达标后，“中水回用”补充作绿化用水、消防用水等，年节水 500t。

（2）节水型产品。产品生态性能达到了欧盟生态洗涤剂标准：产品洗涤泡沫少，减少漂洗次数，可以节水 20% ~ 30%。产品中无有害物添加，没有环境激素、持久性有机污染物和致癌物的排放。公司的浓缩洗衣氧颗粒产品，引进欧盟生态洗涤剂临界稀释体积指标倒逼产品新配方，企业标准规定对水生态系统无影响的临界稀释体积指标为 $15m^3$/kg 衣物（远低于国内普通洗衣粉指标），低于欧盟生态标签 $31.5m^3$/kg 衣物要求。这个指标的绿色意义在于为保护受纳污水的天然水体生态环境，从源头提出终端生态保护要求，促进了产品绿色性能的提高。为此，公司浓缩型洗衣氧颗粒产品基于临界稀释水量技术获 2017 年中国环保学会环保科技创新示范项目。

节水产品

4. 湖南华菱湘潭钢铁有限公司（湘潭市岳塘区钢城路）

公司近几年实施的节水项目如下：

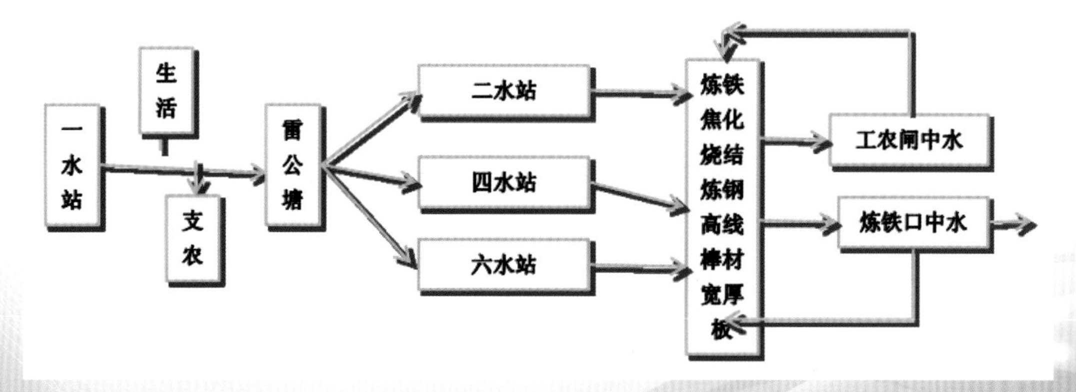

（1）工农闸中水回用。2008 年，公司投入 4500 万元建设工农闸污水回用水站，工农闸水站正常生产处理能力 3200m^3/h，最大处理能力 3500m^3/h。项目投产后，公司厂前办公区、钢丝绳厂、湘辉金属制品有限公司、高线厂、棒材厂、炼钢厂、宽厚板厂的生产、生活污水全部进入工农闸中水回用处理，达标后再回用至炼钢、轧钢各循环水系统。自 2008 年 10 月投产以来，每年为公司提供优质生产用水 2400 万 t，减少排放悬浮物 1800t、COD1200t，取得了良好的经济效益和社会环保效益。目前处理后的水全部回用作生产用水。

中水回用

（2）炼铁口中水回用。2011 年 6 月公司投入 1.2 亿元建设的中水回用二期——炼铁口中水回用——项目投入运行。炼铁口中水回用设计正常处理能力为 8000m^3/h，最大处理能力 9000m^3/h。2011 年 12 月底，焦化外排口实现截流，将污水全部提升至炼铁口进行处理，通过公司历年的节水减排项目，目前炼铁口中水回用小时处理量已达 3500m^3/h，炼铁口中水回用工程承担了焦化、炼铁、烧结、球团、五米板等工序的生产、生活污水，雨水处理达标后，部分回用至公司各生产系统，其余外排。

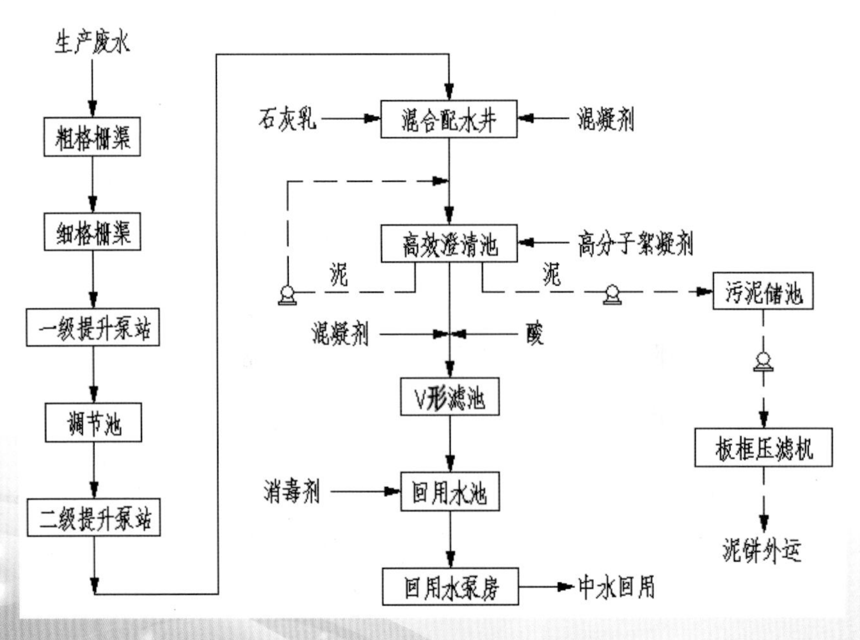

循环水系统

（3）炼铁区域直排水改循环水。1 号、2 号、4 号高炉由于建设较早，区域内有一部分设备冷却水采用直排系统，本项目将原有的直排水收集后建立循环泵站循环使用，新建循环系统一个，包括吸水池、水泵组、冷却塔及配套管网，项目于 2015 年 2 月完成，年节约用水 166 万 m^3，合 $190m^3/h$。

干法除尘

（4）新 3 号高炉湿法除尘改干法除尘。湖南华菱湘潭钢铁有限公司新 3 号高炉煤气洗涤由水洗涤除尘改为布袋干法除尘，项目于 2015 年 7 月完成，节约用水 70 万 m^3/ 年，合 $80m^3/h$。

（5）轧制系统加热炉改汽化冷却。湖南华菱湘潭钢铁有限公司五米板厂、宽厚板厂、高线厂、棒材厂加热炉建成后采用循环水冷却，通过技术改造，采用汽化冷却，用余热加热水产生蒸汽，用来发电，取消原来的循环冷却水系统。6 座加热炉于 2015—2016 年改造完成，节约用水 158 万 m^3/ 年，合 $180m^3/h$。加热炉汽化冷却蒸汽利用发电。

半干法除尘

（6）钢铁厂转炉除尘湿法改半干法。该项目 2015 年 10 月实施完成，改造后节约用水 104 万 m^3/ 年，合 $118m^3/h$。

5. 湖南珠江啤酒有限公司（湘潭天易示范区杨柳路以西、天马路以南）

公司建设320m冷凝水回收管道，并设置冷凝水回收供出装置及储罐，在生产车间运行期间产生的冷凝水全部回收进锅炉车间，回收能力达10t/h，回收率达90%以上，系统通过液位传感器控制冷凝水供出泵的开启，可自动控制系统的回收工作。

（1）糖化热水的回收。糖化车间采用冰水冷却热麦汁，冰水与热麦汁进行热交换后变为80℃的热水，回收后用于糖化车间自身的投料、洗槽及设备清洗。在供应以上工序使用后，每次仍富余约400t热水，全年投料周期约23次，共计可节约用水9200t，把富余的热水用于灌装车间预洗瓶用水，通过综合调度达到节能降水耗的目的。整个项目总投资约145万元。

（2）易拉罐洗罐水回收至杀菌机。冲罐机热水冲洗易拉罐空罐过程中，在冲罐机底端引一路水管至储水罐，通过水泵抽水至杀菌机各温区，水温58℃左右，符合工艺要求，节约了水和蒸汽，每天可节约80t左右，全年共生产30天左右，共计节约用水约2400t。项目总投资约1.5万元。

（3）冷凝水的回收利用。啤酒生产要使用大量蒸汽，蒸汽使用后产生的冷凝水可以作为软水直接进入锅炉，在回收水的同时又可回收热量。各车间的蒸汽冷凝水收集后，可输送至锅炉车间直接作锅炉用水，全公司全年蒸汽总用量在8800t左右，通过换热后产生的冷凝水同等，通过冷凝水回收设备的循环回收，回收比例在90%左右，锅炉全年可节约用水7800t左右。项目总投资约53万元。

冷凝水回收利用

（4）洗瓶机废水回收用于理瓶机。洗瓶机温冷水区的溢流水注入出水槽，通过水泵抽至理瓶机水箱，用来浮起瓶子，避免打碎或磕碰，避免瓶损，在生产阶段每天可节约用水约 85t，全年生产周期约 100 天，每年可节约用水约 8500t，项目总投资 2.1 万元。

（5）中水回收。废水经污水处理系统处理后的中水，COD 控制在 300mg/L 以下，公司的压泥设备采用中水冲洗，压滤污泥 1t 约用中水 15t，每年压滤污泥 250t 左右，每年节约用水约 3750t。脱水机压泥中水回收项目总投资约 1.5 万元，后续计划厂区园林绿化及公共区域卫生用水同样可采用中水。

6. 绥宁县宝庆联纸有限公司（湖南省邵阳市绥宁县长铺镇工业路 98 号）

成立用水节水管理小组并明确各岗位职责。投入节水资金 300 余万元，安装节水器具、安装水处理及循环用水设备；制定节水规章制度；将各车间的用水消耗与车间的经济责任制挂钩，每月按考核指标奖罚到位。在每月的安全生产检查及各部门的经济考核结算中，对照公司节水相关制度进行奖罚；对主进水管道进行改造，对车间废水进行回收重复利用，冷凝水回收利用，废水处理后送到碱回收车间用于苛化洗涤和送浆系统使用。

水处理气浮机

中水回用输送泵

蒸发冷凝水用于制浆洗涤

7. 岳阳林纸股份有限公司（岳阳市城陵矶光明路）

（1）1 号机弧形筛使用优化，空压机改从清水池用水盘磨密封水和盘磨进退刀油泵冷却水回用到清水池。

（2）2 号机用白水稀释打木浆板后送 5 号纸机，1 号机多余清水在 2 号机使用，多余白水送化机浆 1 号线化机浆。

（3）3 号机白水回收超微项目推进，空压机改从清水池用水，停机时可节约清水用量，车间所用清水管道上自动阀可检查是否能关严。

（4）4 号、5 号机化学品制备与添加项目梳理。

（5）8 号机车间空调冷却水塔液位控制优化（已完成）辅料制备料固含量提高（老系统使用 23% 逐步提高至 28%，新系统由 28% 提高至 30%）；PAM、阳离子淀粉添加浓度提高。

（6）9 号、10 号机机械密封水循环使用，真空泵盘根密封水改用工作水槽的水（改成真空系统弧形筛改造，弧形筛改造完成后真空泵盘根密封水才能改用工作水槽的水）。

（7）脱墨浆集中打浆新碎浆线改造。新碎浆线给 3 号机碎浆，3 号机白水送新碎浆线；将 1 楼没有回用的密封水如漂白塔搅拌器、成浆塔搅拌器、LBKP、NBKP 浆塔搅拌器等收集到目前闲置的中间污泥槽处，集中回用到制浆系统 3 回路中使用。

（8）化机浆提高化机浆事业部送浆浓度，降低整体清水消耗：步骤一，磨浆 1 号线送 1 号、4 号和 5 号机送浆浓度提高至 4.2% ± 0.2%；步骤二，通过送浆泵改造，提高送浆浓度，磨浆 2 号线送 3 号机送浆浓度提高至 5.2% ± 0.2%；步骤三，通过加强与造纸 8 号机沟通，将 8 号机送浆浓度提高至 6.8% ± 0.2%。现取得成效：（步骤一，减少清水稀释送浆约 10t/h；步骤二，减少送浆稀释用水约 5t/h）使用造纸白水，对造纸一部（1 号机、3 号机）、五部（8 号机）的造纸白水进行回用。

（9）化浆车间洗涤洗网水用化学热水替代清水，使用情况较好。

（10）碱回收杜绝蒸发热水溢流，新上冷却塔系统已投运。

（11）好氧造纸二沉池污水送其他事业部回用，好氧现场卫生清洁用水用造纸二沉池污水替代。

（12）热电老系统冷却水回收系统优化与改造，实现零排放。

8. 华能湖南岳阳发电有限公司（湖南省岳阳市城陵矶）

水计量体系健全，电厂用水为芭蕉湖湖水和长江水。共有 6 条管道对该电厂供水，每条管道各装有 1 台电磁流量计计量供水量。Ⅱ级、Ⅲ级计量仪表既有电磁流量计，也有孔板变送器流量计。Ⅱ级应装计量仪表 13 台，实装 11 台，除 5 号、6 号机循环冷却水补水没有单独计量外，其他都进行了计量。Ⅲ级应装 19 台，实装 19 台。

9. 张家界九瑞生物科技有限公司（张家界市经开区工业园 C 区）

（1）成立了由总经理任组长的节水工作领导小组，建立了公司领导、部门、车间班组节水三级管理网络。

（2）加大宣传力度，共出黑板报 5 版、播放广告 7 次，印发传单 100 余份，张贴节水宣传标语 10 余条。

（3）完善节水制度，包括《节约用水制度》《用水巡查制度》《用水设备维修制度》《用水计量制度》《节约用水奖惩制度》等一系列规章制度。

（4）加大节水投入，完善节水设施，实施节水改造。因公司生产工艺特点，污水分成高浓度废水和低浓度废水。在污水处理过程中需要高浓度废水和低浓度废水按照一定比例配水中和，经过生化处理后，污水达到三级排放标准排放到污水处理厂。通过出水和低浓度废水对比发现，可以将出水回用到污水处理系统，提高污水处理前端中和配水的循环利用率。在不影响污水处理正常运行情况下，尽最大能力回用排放水，通过实际运行测算，年循环利用排放水约 3 万 m^3。

10. 常德喜来登酒店（常德市武陵区皂果路899号）

（1）宣传措施。

1）在酒店日常宣传栏位置制作“节水·和谐·生态”为主题的宣传标语和宣传警示语。

2）在酒店新员工入职培训中进行可持续发展教育，给每一位员工灌输节能减排意识，教授节能常识。

3）每月定期举行可持续发展会议，制定节能节水目标与各部门负责人分享节能、节水数据，讨论改善措施，落实实施步骤。

4）各营运部门根据实际运作用水、用电、用气情况制定节能节水检查表；要求每个酒店营运部门当值经理、当值主管熟知检查表内容，交接各个班次值班人员在工作区进行检查，强化全员节能节水意识。

（2）用水管理。

1）工程部每日都做好给水系统三级抄表记录，做到了每日数据对比、往年数据对比，以便及时发现供水管网用水异常情况，做出快速反应。

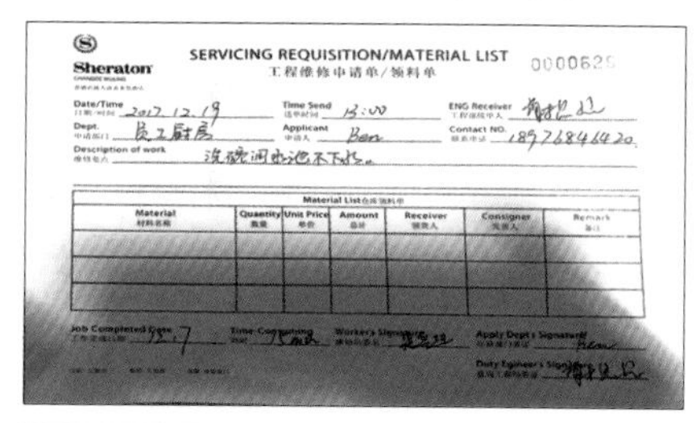

Sheraton

SERVICING REQUISITION/MATERIAL LIST
工程维修申请单/领料单　0000629

Date/Time 日期/时间 2017.12.19　Time Send 送单时间 13:00　ENG Receiver 工程接单人

Dept. 申请部门 员工厨房　Applicant 申请人 Ben　Contact NO. 联系电话 18976841420

Description of work 维修要点

Material List

Material	Quantity	Unit Price	Amount	Receiver	Consigner	Remark

Job Completed Date　Time Consuming　Worker's Signature　Apply Dept's Signature

Duty Engineer's Signature

2）各部门每日交接班人员每日定时检查所辖运营区域用水设备设施，定期检查更换水龙头、管道阀门、冲水阀等给、排水器具，做到及时发现及时报修，防止“跑、冒、滴、漏”浪费现象发生。

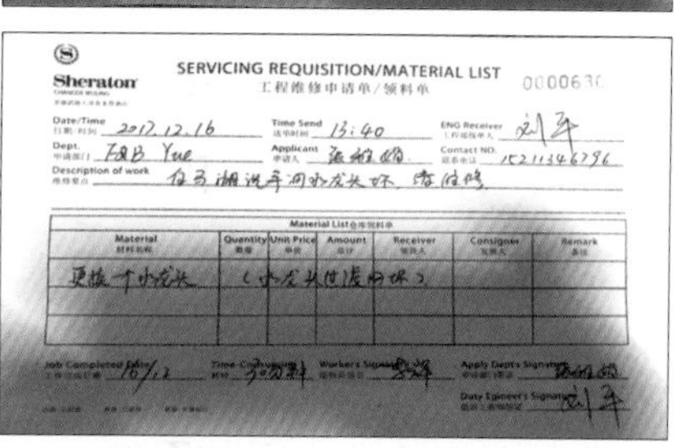

Sheraton

SERVICING REQUISITION/MATERIAL LIST
工程维修申请单/领料单　0000630

Date/Time 日期/时间 2017.12.16　Time Send 送单时间 13:40　ENG Receiver 工程接单人

Dept. 申请部门 F&B Yue　Applicant 申请人　Contact NO. 联系电话 15211346796

Description of work 维修要点

Material List

Material	Quantity	Unit Price	Amount	Receiver	Consigner	Remark

Job Completed Date　Time Consuming　Worker's Signature　Apply Dept's Signature

Duty Engineer's Signature

3）改革创新，逐步淘汰不符合节水标准的用水器具和设施。安装使用国家标准的节水型水龙头、节水型冲便器，使节水器具使用率达到100%。

节水型小便器

节水型水箱冲便器

11. 涟源（华润电力）有限公司（涟源市渡头塘镇印溪村）

（1）对两台机组冷却塔填料、喷嘴进行改造，将填料更换并增加填料层厚度，减少冷却塔蒸发损失；将冷却塔配水喷头更换为新型喷嘴，提高水流雾化效果，使水流均匀。

（2）脱硫浆液循环泵设备冷却水收集改造，将以前直接排往雨水井的冷却水回收，用于脱硫系统内部消耗用水。

（3）脱硫废水出水泵出口管道改造，将处理后的水直接打入高效浓缩池，用于高效浓缩池补水，减少浓缩池补水量。

（4）投资 600 万元修建全厂排水治理系统，将厂区雨水、道路冲洗水等所有排水收集后集中处理，处理合格后回收利用。

12. 湖南伍星生物科技有限公司（双峰县经济开发区科技工业园伍星科技大楼）

（1）公司建设有雨污分流系统，配套建设了污水处理站，废水排放达到《污水综合排放标准》（GB 8978）和行业的要求，工业废水和生活废水排放达标率为 100%。污水处理站处理后的废水，一部分作为工艺用水和绿化用水，剩余的送入双峰县污水处理厂做进一步处理，符合 GB 3838 和 GB 14848 的要求。

（2）企业开展工序节水，推行一水多用、串用、回用技术和水的循环利用系统，并设置了两台蒸汽冷凝水回收系统，提高水的重复利用率。

13. 湖南忠食农业生物科技有限公司（娄底市经济开发区香茅街众一桂府 3 栋 857 号）

公司设计了一种节水节能、易于维护、功能多样、节省占地的工厂车间制冷（热）双效装置系统，对废水和蒸汽余热再利用。将制备二级反渗透水后的尾水作为蓄水

池的补水，可有效节约新水用量，减少废水排放。比传统水冷机组冷却系统节水 70% 以上。综合蓄水池达到“一池多用，一水多用”，提高了工厂用水的循环利用率，节水效果明显。

（1）蓄水池与散热塔组合，有效降低冷却水的损耗，由占循环总水量的 10% 降低至 3%，且水质较稳定，不易受到污染。

（2）冷却水循环率达 98%，达到废水零排放，散热塔工作效率提高 300%。

（3）制备二级反渗透水后的尾水利用率为 100%，补充至蓄水池后，新水使用量减少 90%，年节省新水使用量可达 20000t。

（4）蓄水池可参与组建冷却水循环系统、消防与生活用水循环系统、锅炉补水系统等，可以提供中央螺杆机组冷却水、锅炉补水、消防用水、清洁与绿化用水、应急用水等，且无污水产生，节约大量的新水资源。

14. 金贵银业股份有限公司（郴州市苏仙区白露塘镇有色加工区林邑大道 1 号）

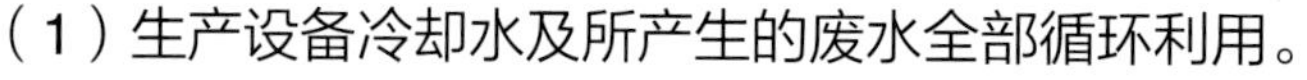

（1）生产设备冷却水及所产生的废水全部循环利用。

（2）雨污分离设施完善，污水达标排放。

2.3 居民小区

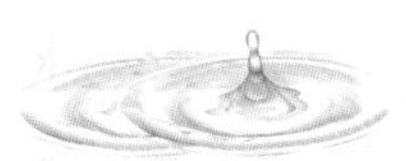

1. 云龙示范区学府港湾（株洲市石峰区云龙示范区学林路 689 号）

（1）雨水排放管道与生活污水排放管道分开，雨水直接排放到河道，而生活污水则通过市政管网送到区污水处理厂进行净化处理。

（2）小区采用无负压变频式供水加压设备，没有设置水箱，大大降低用水损耗，而且保证了居民供水的清洁卫生。

（3）小区设置了雨水收集系统，将小区雨水、空调冷凝水等收集后，用于小区水景、绿化浇水等。

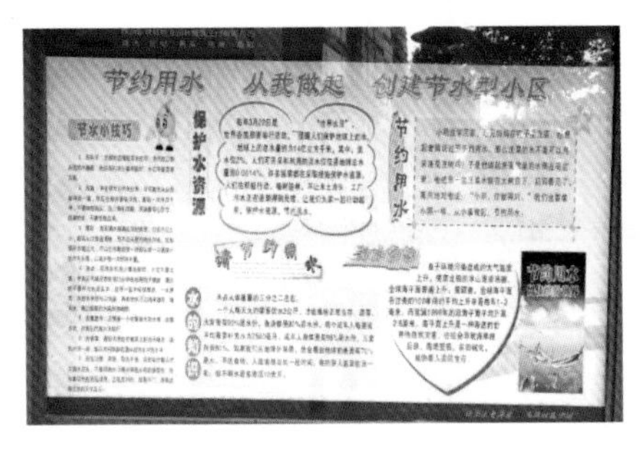

节水宣传栏

（4）展开了丰富多样的节水宣传活动。在小区内幼儿园对小朋友进行节水宣传教育，开展“小手拉大手”节水活动；物业公司向居民发放节水常识宣传单和家庭节水知识常识问答，对居民进行节水知识的宣传教育；利用公共区域进行宣传等。

2. 天元区中泰财富湘江（株洲市天元区滨江西路 33 号）

（1）小区居民生活用水户水表和公共用水水表安装率为 100%，供水设备、供水管网、用水计量表等设施设备完好率为 100%，且公共部位用水器漏损率为 0。

（2）居民基本采用节水型器具，不少家庭用水洗菜、拖地、冲洗厕所循环使用，小区平均每户（3 ~ 5 口之家）的年日常生活用水量能控制在 40t 以下。

家用节水器具及循环用水

（3）小区用水设备、日常巡查等台账有完整的原始记录。

3. 天元区美的城（株洲市天元区隆兴路 156 号）

（1）充分利用“物业 + 互联网”及客服中心平台，对住户的日常水电维修、报修的内容进行记录、过程监督、回访，保证了水电维修的质量及效果，让居民对日常水电维修效果进行评价。

（2）通过开办“节水培训班”推广各种节水器具，邀请节水型家庭在“家庭节水节电小窍门”座谈会上畅谈节水经验等活动，达到节水目的。

（3）半年评选一次节水住户，小区居民根据自己生活中的节水措施、用水管理、节水效果，由物业评选出优秀节水住户；组织小区居民成立巡查小组，不定期对小区各个用水部分进行检查；宣传发动小区居民参与用水管理，居民发现用水不当或浪费现象，举报至物业办公室，经查实，根据事件大小对该户居民进行物业费减免奖励。

（4）绿化使用微喷灌装置，绿化及景观用水采用循环水、再生水、雨水等非常规水源。

微喷灌装置

2.4 节水农业

1. 长沙湘丰茶业集团有限公司（长沙县金井镇脱甲村）

在公司茶园基地利用节水灌溉技术，在公司巨型稻生态种养基地实施水资源循环利用技术。

茶园节水灌溉技术即喷灌技术。喷灌是利用专有设备将加压水均匀地喷在茶地上，类似自然降雨。喷灌比传统的漫灌方式节水 40% ~ 60%，节约劳力 70%，喷灌适应各种地形，还具有改善茶园小气候的特点，协调了茶园水、肥、气、热状况，可为茶树生长创造适宜的环境，不仅节约了水资源，而且对提高茶叶的产量和品质效果也较显著。

茶园灌溉采用喷灌灌溉方式

2. 酒埠江灌区管理局（株洲市攸县网岭镇）

（1）实施骨干工程节水改造。加强对灌区干支渠渠道防渗衬砌和渠系建筑物改造，并实施末级渠系改造，有效提高灌区输水条件，从而提高灌溉保证率。

渠道改造前

渠道改造后

（2）加强量水设施建设，支渠、斗农渠量水计量设施安装 56 处。

农业灌溉用水计量设施

农业灌溉用水计量现场测试

（3）实施用水超量加价政策，提高灌区群众节水积极性。对亩次灌水量超过规定水量的部分加收水费，采用经济手段促使用水户积极主动节水。

（4）推广宣传节水政策，树立正确的节水意识。利用媒体报道相关内容、宣教材料等，带动整个社会积极参与，树立良好的节水意识、水资源保护意识、水危机意识，促进全社会养成自觉节水的好习惯。

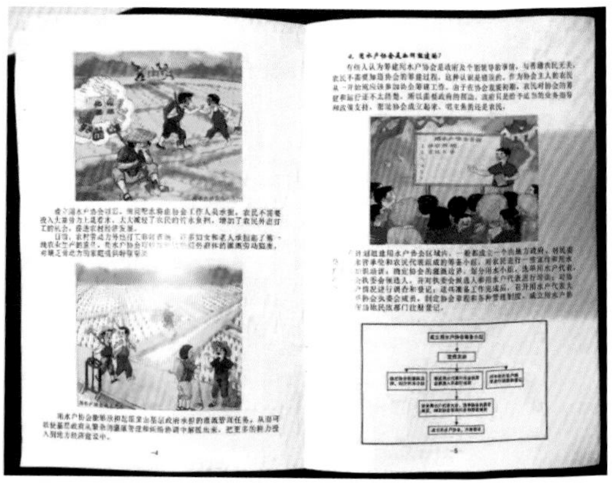

节水宣传手册

（5）培养灌区量测专业人员，加强灌区节水技术支持，提高灌溉节水科技含量。一是引进专业技术人员；二是通过“请进来、送出去”的方式和举办各种形式的培训班提高职工队伍的专业技能；三是鼓励职工自学成才，建立了相关的长效奖励机制。

节水培训讲座